超級科學家的誕生 天文學篇

戴翠思（Tracey Turner） 著
林占美（Jamie Lenman） 繪

新雅文化事業有限公司
www.sunya.com.hk

超級科學家的誕生
天文學篇

作者：戴翠思（Tracey Turner）
繪圖：林占美（Jamie Lenman）
翻譯：羅睿琪
責任編輯：葉楚溶
美術設計：何宙樺
出版：新雅文化事業有限公司
香港英皇道499號北角工業大廈18樓
電話：（852）2138 7998　傳真：（852）2597 4003
網址：http://www.sunya.com.hk
電郵：marketing@sunya.com.hk
發行：香港聯合書刊物流有限公司
香港新界大埔汀麗路36號中華商務印刷大廈3字樓
電話：（852）2150 2100　傳真：（852）2407 3062
電郵：info@suplogistics.com.hk
印刷：中華商務彩色印刷有限公司
香港新界大埔汀麗路36號
版次：二〇一七年七月初版

Original title: SUPERHEROES OF SCIENCE - SPACE
First published 2017 by Bloomsbury Publishing Plc
50 Bedford Square, London WC1B 3DP
www.bloomsbury.com
Bloomsbury is a registered trademark of Bloomsbury Publishing Plc
Copyright © 2017 Bloomsbury Publishing Plc
Text copyright © 2017 Tracey Turner
Illustrations copyright © 2017 Jamie Lenman
Additional images © Shutterstock

ISBN:978-962-08-6860-3
Traditional Chinese Edition © 2017 Sun Ya Publications (HK) Ltd.
18/F, North Point Industrial Building, 499 King's Road, Hong Kong
Published and printed in Hong Kong

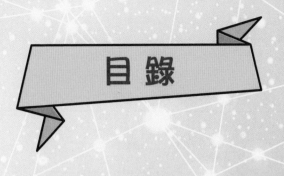

目錄

引言

　　《超級科學家的誕生》為你介紹有史以來最偉大的超級科學家。他們當中沒有人能披上斗篷飛越天際，或者擁有超乎尋常的強大力量，但是這些超級科學家都是值得我們敬佩的英雄。他們的探索和研究，揭開了許多鮮為人知的秘密，讓我們認識更多有關天文、地理、醫學和生物的知識。現在就請你跟隨天文學家，探索神秘的天文世界！

閱讀本書時，請你試試找出……

- 誰在一場劍術比試中失去了自己的鼻子？
- 哪一個科學家死後腦袋被移走？
- 誰利用占星學預測未來？
- 為什麼會有一個科學家裝瘋賣傻整整6年之久？

　　如果你曾幻想過登陸月球、利用馬匹的糞便製作望遠鏡，或是發現天王星，那麼請你繼續閱讀下去。你還可以跟隨超級科學家，展開探索土星環的旅程，到訪木星的眾多衞星，欣賞一下仿如太空探射燈的微小旋轉星體呢！

　　在本書中，你除了看到超級科學家堅持不懈、充滿勇氣與驚人智慧的探索故事以外，也許還會得到一些意外驚喜。比方説，你是

你即將與天文學界的超級科學家見面，看看他們那些不可思議的故事……

否知道布拉赫在小島上興建了天文台？你又是否知道伽利略曾經因為主張地球圍繞太陽運轉而被關於監獄？

你還可以在第24頁玩玩小遊戲，乘坐超能太空船暢遊太陽系！

發現引力的
牛頓

艾薩克・牛頓（Isaac Newton，1642年－1727年）曾經將利器插進自己的眼窩，他沉迷於煉金術，還徹底將科學革新。

因瘟疫休學

牛頓1642年出生於英格蘭林肯郡。他是一個家財萬貫的地主之子，性格孤僻又脾氣差，是個相當愛生氣的小孩，但他非常聰明。1665年，當牛頓在劍橋大學讀書時，由於當地爆發瘟疫，大學被迫關閉一年。牛頓沒有好好享受假期，反而回到家鄉，想出一些關於地球、太空與引力的革命性理論。

掉下來的蘋果

傳說牛頓曾坐在一棵蘋果樹下，被一顆掉下來的蘋果擊中頭部。對牛頓來說，那是一項重大發現的開端。他證實令蘋果掉下來的力量，也是令行星圍繞太陽運轉時維持在固定軌道的相同力量，而宇宙中每一件物件都會吸引其他物件，同時被其他物件吸引，引力就是令兩件物件被拉扯在一起的力量。牛頓對引力的闡釋在超過二百年間一直未受挑戰，直至阿爾伯特・愛因斯坦（Albert Einstein）提出新的理論為止（見第30頁）。

光與煉金術

　　牛頓又發現了一款新的望遠鏡，
利用多面鏡子形成更清晰的影像（類似的
反射器至今仍被使用）。他會以光做
實驗，並證明了白光是由彩虹色的光
組成的。在牛頓進行光的實驗時，他曾
做出一些非常危險的事情——例如把利器插進自己的眼窩（切勿模
仿），因而被迫躺在黑暗的房間中休養兩星期。後期的生活中，牛
頓曾秘密研究煉金術（一種與魔法有關的化學），搜尋一種可令其
他金屬轉化為黃金的物質。

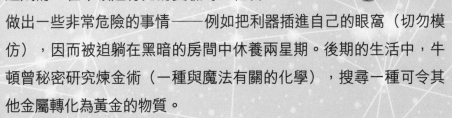

忙碌的牛頓

　　牛頓除了以他空前創新的引力與光學理論讓世界永遠改變之
外，他也花時間去構想極為巧妙的運動定律與複雜的數學理論。他
成為了劍橋大學的數學系教授、皇家學會（一個地位超然的科學研
究所）的主席，還擔任皇家
鑄幣局的管理人員，負責追
蹤偽造貨幣。到了1727年牛
頓去世的時候，他已成為全
球最有名的科學家之一——
到今天他仍是聞名遐邇。

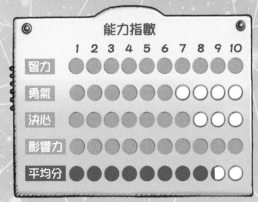

能力指數

	1	2	3	4	5	6	7	8	9	10
智力	●	●	●	●	●	●	●	●	●	●
勇氣	●	●	●	●	●	●	●	○	○	○
決心	●	●	●	●	●	●	●	●	○	○
影響力	●	●	●	●	●	●	●	●	●	●
平均分	●	●	●	●	●	●	●	●	○	○

思考宇宙的
亞里士多德 ....

亞里士多德（Aristotle，前384年－前322年）是全球第一批科學家。他關於宇宙的理論（還有許多對其他事件的理論），在超過一千年來都被視為真理。

雅典學院

亞里士多德於公元前384年在古希臘的馬其頓斯塔基拉出生。他是一名御醫的兒子，17歲時前往雅典，跟從古希臘其中一位最有名氣的哲學家柏拉圖（Plato）學習哲學。亞里士多德留在柏拉圖所建的雅典學院裏二十多年，直至柏拉圖去世後才離開，可見他對這學院是非常熱愛的。

教學與寫作

亞里士多德獲馬其頓國王腓力二世（Philip II）邀請，負責教育他的兒子亞歷山大（Alexander）。公元前335年，在教導亞歷山大數年後，亞里士多德返回雅典，開辦了自己的哲學學院「呂克昂」。同一時間，他開始撰寫多本書籍——總數大約150本，不過只有大約30本是流傳至今的。這些書籍涵蓋各種各樣題材：動物學、地球科學、醫學，當然還有宇宙的內容。

亞里士多德的宇宙

　　亞里士多德對宇宙有許多思考，還常常觀察夜空。他相信宇宙是由一些透明的球體，一個套着另一個而形成的，而這些球體會圍繞着位處中心、固定不動的地球旋轉。他認為地球是由4種元素（土、火、氣、水）組成的，而不同的球體會帶着太陽、月亮、各種行星和恆星在地球周圍運行。最外面的球體會讓它裏面的所有球體不斷旋轉，稱為「原動者」。亞里士多德的宇宙概念被廣泛接納，直至16世紀中期才被推翻──即是1,800年後。

暢銷書籍

　　亞里士多德昔日的學生成為了亞歷山大大帝，他是史上其中一位最狂暴好鬥的征服者。公元前323年亞歷山大大帝去世後，馬其頓人在雅典變得不受歡迎（因為雅典曾經是亞歷山大大帝進行征服大計時的攻佔地），因此亞里士多德返回馬其頓，並於公元前322年在當地去世。亞里士多德的著作在他死後許久才被出版，那時已是公元前60年。過了一陣子它們更被人遺忘，不過到了中世紀，這些著作被人重新發現，令亞里士多德成為了一個暢銷書籍的作家。

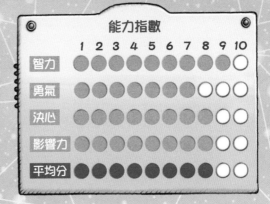

能力指數

	1	2	3	4	5	6	7	8	9	10
智力	●	●	●	●	●	●	●	●	●	○
勇氣	●	●	●	●	●	●	●	○	○	○
決心	●	●	●	●	●	●	●	●	○	○
影響力	●	●	●	●	●	●	●	●	○	○
平均分	●	●	●	●	●	●	●	●	○	○

提出宇宙膨脹的
勒梅特

喬治・勒梅特（Georges Lemaître，1894年－1966年）是一名天主教神父，他想出了其中一套最有名的太空理論。

宗教與物理學

勒梅特曾修讀神學和物理學，但在第一次世界大戰時被迫放棄學業。他成為了一名砲兵軍官，不過到戰爭結束後他便重新回到學校讀書，並受訓成為了一名天主教神父。1923年，他被任命為神父，但沒有停止鑽研科學。他到美國繼續學習，後來在麻省理工學院取得博士學位。1925年，他在位於比利時布魯塞爾附近的天主教魯汶大學出任教授。

膨脹的宇宙

1927年，勒梅特發表了一篇科學論文，描述了一個不斷膨脹擴張的宇宙。愛德文・哈勃（Edwin Hubble，見第22頁）在同一時間也研究了同一範疇，得到類似的結論——宇宙確實將會變得非常巨大。

到了1930年，越來越多科學家，包括阿爾伯特‧愛因斯坦（Albert Einstein），都同意勒梅特的想法，以往大家採用的不動宇宙模型並不正確。勒梅特的研究成果與哈勃的觀察一同說服了其他天文學家，讓大家相信宇宙正在膨脹。

大爆炸

勒梅特進一步推論，宇宙一定是從某一處開始膨脹。他的理論認為，在某一特定時間（如今我們認為那是在大約140億年前），整個宇宙都擠在一起，形成密度極高的微小狀態。雖然聽來很不可思議，但宇宙是被擠壓成一顆粒子，之後爆炸，形成今天我們所見的空間、時間與不斷膨脹的宇宙。其他科學家也發展出宇宙起源於爆炸的概念，並逐漸演變成現代的大爆炸理論，在今天廣泛為人接納。

理論的延續

勒梅特繼續肩負起教授與神父的工作，在1966年他去世前不久，他得悉有科學家找到宇宙微波背景輻射，至今仍是支持大爆炸理論的最有力證據。

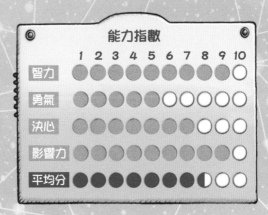

能力指數

	1	2	3	4	5	6	7	8	9	10
智力	●	●	●	●	●	●	●	●	●	○
勇氣	●	●	●	●	●	●	○	○	●	○
決心	●	●	●	●	●	●	●	○	●	○
影響力	●	●	●	●	●	●	●	●	●	○
平均分	●	●	●	●	●	●	●	◐	○	○

宇宙簡史

這是一個龐大的課題！以下是關於宇宙歷史的基本概要，包括未來可能會出現的事情……

- 140億年前，宇宙中的一切事物都擠壓在一個微小的空間裏。

- 接下來……所有東西一下子迅速地向外湧出來（大爆炸）。沒多久之後，氫和氦的原子便形成了。

- 氫和氦形成了第一批恆星——它們是一團正在燃燒的巨大氣體——而它們組成了第一批星系。

- 經過數百萬年後，恆星變老死亡，最大的那些恆星爆炸，變成了超新星。這些爆炸令氫與氦原子融合在一起，形成全新的、不同的原子。那就是宇宙大部分東西形成的過程——一切都發生在爆炸的恆星裏。

- 漸漸地，我們的太陽形成了，而在它四周飄浮的少量岩石、氣體和其他物質變成了太陽系裏的行星。地球約在46億年前形成。

- 數億年後，開始出現生命。在30億年間，地球上的生物只有細菌，之後演化出更多生物，例如恐龍。最後，人類出現了，那其實不是很遙遠的事。

- 我們常常仰望太空，對它產生了不同的猜想。於是，人們開始探索更多關於太空的事情，還有我們在宇宙中的位置。我們明白到地球環繞太陽運行，而我們的星系——銀河系，是宇宙中眾多星

系之一，正快速地向外擴張。

- 人們曾乘坐火箭到訪太空，還派出太空船到更遙遠的地方。如今我們甚至能利用太空望遠鏡看到近乎宇宙的邊緣。

- 曾有人預言地球將會被太陽吞噬。不過沒有人能肯定宇宙最終會發生什麼事情。

- 關於宇宙的命運，科學家有幾個不同的理論：其中一種說法是「大撕裂」（Big Rip），指一種稱為「暗物質」的神秘東西，力量會變得越來越大，最後將宇宙撕成碎片；另一理論是「大凍結」（Big Chill），指宇宙變得越來越冷；而「大擠壓」（Big Crunch）理論則認為引力最後會讓宇宙停止膨脹，反而收縮，整個宇宙都會被壓扁。不過不用擔心，這些事情在未來數十億年內都不會發生！

否定「地心說」的
哥白尼

尼古拉 · 哥白尼（Nicolaus Copernicus，1473年－1543年）認為地球根本不是宇宙的中心。

凝望星空

哥白尼在1473年出生於波蘭的城市托倫，當時距離望遠鏡的發明還有一段很長的時間。哥白尼曾在波蘭與意大利的大學求學，對天文學特別有興趣。他的舅父是一名主教，他曾擔任舅父的秘書，之後在教會獲得一份行政人員的工作。哥白尼的薪水優厚，而且有許多時間去研習太空的知識。沒多久，他成為了著名的天文學家。

天體運行

到了1530年，哥白尼完成了一本名為《天體運行論》（*On the Revolutions of the Celestial Spheres*）的著作。哥白尼所說的「天體」是指行星，包括地球。書中記載了非常震撼的理論，它指出地球每天沿着自己的軸心旋轉，並且每年圍繞太陽運轉；其他行星（即當時已知存在的行星）也會圍繞太陽運轉。

震撼的理論

在哥白尼提出他的理論之前，大部分人都相信地球位於宇宙中心，並不會移動。他們認為行星、月亮和太陽會圍繞地球運轉。哥白尼以太陽為宇宙中心的理論——日心說，與古希臘哲學家亞里士多德和希臘作家克勞狄烏斯 · 托勒密（Claudius Ptolemy）的宇宙觀

完全相反（見第10
頁及第48頁）。更
嚴重的是，基督教
會認為地球是萬物
的中心，這是事物
應有的狀態，因為
這是上帝創造的。另外，如果地球自己也在移動旋轉，便難以解釋
為什麼沉重的物件會掉向地球（牛頓會在二百年後找出答案，請參
閱第8頁）。哥白尼的理論説明了他對太空的觀察為何不符合地球為
宇宙中心的理論——地心説。不過這套理論產生了各種問題，如果
他活得更久，這套理論可能會使他被教會找麻煩。

最終的章節

　　哥白尼遲遲沒有出版他的著作，直至1543年，他的首本著作才
面世（他在著作出版後不久就去世）。90年後，意大利天文學家
伽利略（Galileo Galilei）
因同意哥白尼關於宇宙的想
法，而被關進監獄。

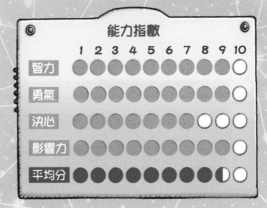

能力指數

	1	2	3	4	5	6	7	8	9	10
智力	●	●	●	●	●	●	●	●	●	○
勇氣	●	●	●	●	●	●	●	●	●	○
決心	●	●	●	●	●	●	●	○	○	○
影響力	●	●	●	●	●	●	●	●	●	○
平均分	●	●	●	●	●	●	●	●	◐	○

建立「天空城堡」的
布拉赫

第谷·布拉赫（Tycho Brahe，1546年－1601年）以他謹慎精準的測量與觀察，改變了天文學。

決鬥與派對

布拉赫是一個來自丹麥的富有貴族。他是一個出色的數學家，並對天文學產生了濃厚興趣，特別是在1560年見證過日食以後。布拉赫一定是非常熱愛數學，因為他曾在1566年與一名學生因為一項數學爭議而決鬥。布拉赫的鼻子在這次決鬥中被利劍削下來了。他後來戴上金屬造的假鼻子代替被削去的鼻子，還有金鼻子和銀鼻子，供特別場合使用（多奢華呀！）。當時，布拉赫曾舉辦很多派對，他還擁有一隻駝鹿呢！

天文小島

　　布拉赫也會研究夜空。他發現最好的研究方法，就是每日準確地記錄他的觀察。布拉赫製作了不少工具來協助他完成這個任務。即使他沒有望遠鏡，仍能在1572年發現一顆新的恆星。布拉赫在哥本哈根附近一個小島上，興建了全歐洲最好的天文台，他將這個天文台稱為「Uraniburg」，意思是「天空的城堡」。這個天文台裏的設施包括一間印刷廠、一座風車，花園和魚塘。布拉赫會在天文台裏製作新的工具，持續記錄他的觀察，並培養年輕的天文學家。

終生的堅持

　　不過，布拉赫沒有長期留在他的天文小島上，因為他和當時的丹麥國王克里斯蒂安四世（Christian IV）鬧翻了。最終他在1599年到布拉格定居，在聖羅馬帝國皇帝魯道夫二世的宮廷中擔任帝國數學家，並邀請約翰尼斯·開普勒（Johannes Kepler，見第46頁）和他一起工作（儘管他們的意見不同）。他們合作了僅僅18個月後，布拉赫便去世了。不過他留下了約一千顆星的準確資料，開普勒用這些資料來展示太陽是宇宙中心的理論。也許這些數據最終會說服布拉赫，但他至死仍未放棄地球是宇宙中心的想法。

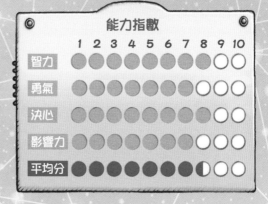

能力指數

	1	2	3	4	5	6	7	8	9	10
智力	●	●	●	●	●	●	●	●	○	○
勇氣		●	●	●	●	●	●	○	○	○
決心		●	●	●	●	●	●	○	○	○
影響力	●	●	●	●	●	○	○	○	○	○
平均分	●	●	●	●	●	●	●	◐	○	○

發明渾天儀的
張衡 ....

　　張衡（78年－139年）是個多才多藝的人：他是一名官員、數學家、詩人、畫家、地圖繪製師和天文學家。他怎麼有時間睡覺呢？

中國的發明

　　張衡出生於中國河南省。在張衡生活的時代，如果你擁有科學頭腦，那麼中國對你來說便是個令人興奮的國家。中國發明了全球第一種易於製作而且價錢低廉的紙張（因此張衡等人可以記錄他們那些精彩的想法）、以水推動的時鐘銅壺滴漏、日晷（利用日影的投射知道時間），還有煙花（可供娛樂）。張衡擅長的事情很多，不過當他即將踏入30歲時，便運用精明的腦袋鑽研天文學。

星宿中的命運

　　公元111年起，張衡成為了官員，他被指派負責研究天文、制定曆法、預測天氣，還有占卜星相。由官員負責占卜星相似乎有點奇怪，但當時的人們認為

星星、太陽和月亮的運動會直接影響人們的生命（在五百年後的歐洲，開普勒仍在生的時候，情況也是一樣。見第46頁）。

記錄星體的機器

張衡鑽研過天文學，就像亞里士多德和托勒密（見第10頁和第48頁），張衡認為地球是宇宙的中心。公元120年，他出版了一本書，書中他將宇宙比作一隻雞蛋，在宇宙中心的地球就像蛋黃。他也設計出一個渾天儀——那是地球的模型，被許多圓環圍繞，代表着赤道、穿越兩極的子午線等界線，並標示了刻度，以助天文學家找出星體位置。渾天儀非常精巧，因為它可以通過水力推動的齒輪系統，自動沿着軸心旋轉——這是前所未有的設計。張衡利用他這個非同凡響的發明，找出了2,500個星體。

恆久的遺產

除了在天文學的貢獻外，張衡也設計了一部用來預測天氣的機器、第一套繪製地圖時專用的網格系統、一個用作量度距離的儀器，還有一個地動儀，能夠準確偵測到640公里外發生的地震。

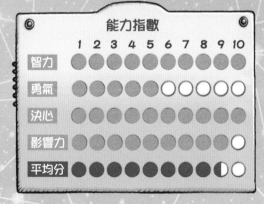

發現其他星系的
哈勃 ....

愛德文・哈勃（Edwin Hubble，1889年－1953年）發現宇宙正在膨脹，而在我們的星系以外還有許多其他星系。

山上的望遠鏡

哈勃在1889年出生於美國密蘇里州。他的學業成績優秀，取得不少學位，包括在芝加哥大學葉凱士天文台取得的博士學位。當時全球最大的望遠鏡，座落於南加州威爾遜山上海拔1742米處，而哈勃於1919年便加入了這所知名的威爾遜山天文台。

另一個星系

約一百年前，當哈勃在威爾遜山工作時，並沒有人知道在我們身處的銀河系以外，還有其他星系存在。不過在1924年，哈勃宣布發現了其他星系。他利用威爾遜山上先進的望遠鏡，證實了仙女座星雲並不是如前人所說，是一團氣體。事實上它是一個星系，就像我們的星系一樣龐大，距離我們大約100萬光年（1光年等於光行走1年的距離）。哈勃部分驚人的發現是和米爾頓・拉塞爾・赫馬森（Milton Lasell Humason）一同達成的。赫馬森本來是一個清潔工人，不過當他拿起望遠鏡，便證明了自己是一個出色的天文學家。

搜尋星系

全賴此前作出貢獻的天文學家，例如美國天文學家維斯托・斯里弗（Vesto Silpher），他觀察到星系正遠離地球，還有美國科

學家亨利愛塔·勒維特
（Henrietta Leavitt，
見第26頁），哈勃和
赫馬森才發現到星
系並不是穿越宇宙
移動，而是跟隨宇
宙膨脹移動。他們計算出其他星系的距離及他們的移動速度，還
發現有些星系以令人難以置信的速度飛快地前進——幾乎接近光
速。哈勃定律指出，星系距離地球越遠，它們遠離地球的速度便
越快（他利用一些非常精妙的數學理論來解釋這種現象）。哈勃
又設計了一個星系分類系統，將星系分成不同的種類——螺旋星
系、橢圓星系，還有不規則星系（星團）。

哈勃望遠鏡

　　哈勃於1953年去世時，他已令宇宙看起來完全不同了——宇宙
變得更大，移動得更快。哈
勃太空望遠鏡於1990年升
空，至今仍環繞地球運行，
向我們傳送許多宇宙的照
片。

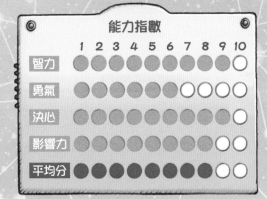

小遊戲
太空大競賽

你遇上了一個友善的外星人，它決定讓你了解一些厲害的秘密，並讓你探訪它的星球。現在你要乘坐你的外星太空船返回地球了。

起點

1 從索古星出發，展開穿梭宇宙之旅！

2

3

11

12

13

10 你被吸進黑洞了！返回起點。

別碰……你亂動控制器。後 14 退5格。

15

16

22 你太接近木星，被它的引力抓住了！返回起點。

24

23

太空船在小行星帶受到嚴重破壞，後退4格。
25

26

27 計算座標出錯，去了金星！暫停1回合。

此遊戲可供2-6人玩，需預備一顆骰子，而每位參加者各需要一顆棋子。輪流擲骰子，按擲出的數字移動棋子。誰會最快抵達地球呢？

你快要跟行星相撞了！後退一格。

4

5

6

你在前往銀河系的正確航線上！前進4格。

7

8

9

你進入了太陽系了！前進2格。

17

18

19

遇上隕石撞擊！暫停1回合，檢查太空船損毀情況。

20

21

恭喜！你成功返回地球了。

燃料用盡了！返回起點。

28

29

終點

默默無名的星體研究者
勒維特

亨利愛塔‧勒維特（Henrietta Leavitt，1868年－1921年）是個安靜、低調的超級科學家：她專心致志地研究，協助證明宇宙並不是圍繞着我們轉動。

研究與患病

勒維特在1868年出生於美國麻省。她曾到著名的女子高等學府拉德克利夫學院求學，並在學院培養出對天文學的興趣。畢業後勒維特仍額外留在書院進修一年，不過因患病而要休學。她花了兩年時間才康復，不過病魔最初卻令她失去了聽覺。

可變的星體

1895年，勒維特自薦在哈佛大學的天文台當義工，其後成為一位正式員工。當時的社會相當不公平——女性不可以操作望遠鏡！勒維特的興趣是研究變星（一種光度會隨時間劇變的恆星），她刻苦地在太空的照片中仔細搜索，找出變星。勒維特最終發現了數千顆變星！

耀目的發現

　　勒維特的變星研究為日後一些重大的宇宙發現奠下了基石。她對造父變星特別有興趣，1912年她發現了造父變星的周光關係（周期與光度的關係）。這些變星會以固定方式變亮變暗，而她找出了一種方法去量度它們與地球的距離。她花費一生大部分時間仔細地研究亮星是如何出現，還有它們是什麼顏色的。她找出能夠知道星體顏色的方法，至今仍被使用。她對工作有耐性而且研究精確，對其他科學家很有幫助，其中包括愛德文·哈勃（見第22頁）。

默默無名

　　宇宙因勒維特的研究，從此不再一樣。科學家利用她的研究成果，發現太陽並不像我們之前所想的那樣，是星系的中心，而我們的星系也不是宇宙的中心。儘管貢獻非凡，勒維特在生時並未因她的研究而獲得讚譽（當時的女性科學家並不會獲得太多肯定）。她在1924年曾獲提名諾貝爾獎，不過她已在3年前去世。現時有一顆小行星，還有一個在月球上的隕石坑，都是以勒維特來命名。

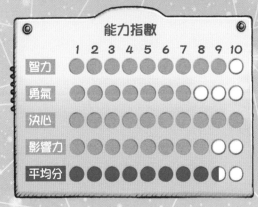

能力指數

	1	2	3	4	5	6	7	8	9	10
智力	●	●	●	●	●	●	●	●	●	○
勇氣	●	●	●	●	●	●	●	○	○	○
決心	●	●	●	●	●	●	●	●	●	○
影響力	●	●	●	●	●	●	●	●	○	○
平均分	●	●	●	●	●	●	●	●	◐	○

被監禁的
伽利略 ······

　　伽利略·伽利萊（Galileo Galilei，1564年－1642年）發明了一款嶄新的望遠鏡，發現了許多衞星，還為「日心說」提供證據。

醫學與數學

　　天文學家哥白尼出版了將太陽列作宇宙中心的驚人著作（見第16頁），約21年後伽利略出生於意大利比薩。伽利略曾在比薩大學修讀醫學，但其後放棄了學位，改為自行研習科學與數學，並在1589年成為了比薩大學的數學教授。

自由落體與望遠鏡

　　伽利略相信做實驗是解答科學問題的最佳方法。他最著名的實驗，就是將兩顆鐵球從比薩斜塔上掉下來，以證明不同重量的物體自由掉落時，會在相同時間着地。伽利略不時與其他教授爭論，因為他常常質疑被廣泛接納的概念，最終他離開了比薩，到帕多瓦工作。1610年，伽利略設計出一款改良版的望遠鏡。他曾向托斯卡尼大公（Grand Duke of Tuscany）展示新版望遠鏡，而大公任命伽利略為首席數學家和哲學家，並再次讓他成為比薩大學的數學教授。因此，當時伽利略身家豐厚，但他又回到了比薩大學，而那裏的教授並不喜歡他的想法。

衞星與大麻煩

　　伽利略用他的新款望遠鏡觀察月球，發現了木星的4個衞星（我們如今已發現超過60個木星的衞星）。他的觀察支持了哥白尼的日心説。這令伽利略被教會針對，惹上大麻煩，教會認為伽利略的想法與《聖經》相違。最終伽利略被迫聲稱自己的想法是垃圾，才能保住性命！然而，伽利略忍不住出版了一本著作，羅列出支持日心説的證據，令教會震怒。伽利略的著作被焚毀，他也被判處終身監禁。

伽利略在囚

　　幸好，伽利略一些有權勢的朋友讓他改為軟禁在一位朋友的家中。到7年後的1642年，伽利略離世，而當時他已完全失明。伽利略也因發明了有鐘擺的時鐘和溫度計而獲世人記念。1989年，一艘太空船以伽利略的名字命名，它成為了第一艘環繞木星的太空船，並將木星和它眾多衞星的照片與數據傳送回地球。

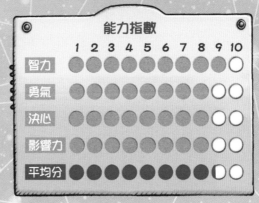

能力指數										
	1	2	3	4	5	6	7	8	9	10
智力	●	●	●	●	●	●	●	●	●	○
勇氣	●	●	●	●	●	●	●	●	○	○
決心	●	●	●	●	●	●	●	●	○	○
影響力	●	●	●	●	●	●	●	●	○	○
平均分	●	●	●	●	●	●	●	●	●	○

被研究大腦的
愛因斯坦 ....

阿爾伯特·愛因斯坦（Albert Einstein，1879年－1955年）以完全不同的方式理解宇宙，自此改變了人們對宇宙的看法。

讀書時期的愛因斯坦

愛因斯坦在1879年出生於德國烏爾姆。他有數學天分，但不太喜歡上學，最終因為常常製造麻煩而被逐出校門！他也不怎麼喜歡大學，大部分時間寧願看書也不去上課。到他畢業後，他無法找到教學的工作，因為他的教授都不肯當他的推薦人。他後來在瑞士伯恩（Bern）一間專門記錄發明的專利局任職。

特別的理論

在工餘時間，愛因斯坦經常思考。1905年，他發表狹義相對論，惹起舉世轟動。相對論以新的理論説明宇宙、時間、光與物質的性質，他又構想出著名的公式E=mc^2，這條公式可用以顯示萬物當中都蘊含龐大的能量。許久以後，愛因斯坦的公式導致核彈的發明，不過愛因斯坦痛恨

戰爭與武器。科學家對於一個初級專利局文員想出如此突破性的科學理論都大感驚訝。

廣義相對論

　　1916年，愛因斯坦發表廣義相對論，再一次震撼世界。他將太空比作一張伸展中的彈性薄片，而巨大的物體（例如太陽）令太空產生凹陷，影響了附近物體的移動路徑。換言之，引力並不是一種力，而是巨大的物體對太空的影響。愛因斯坦又提出光在宇宙中行走時會彎曲。1919年，在一次日全食中，科學家拍攝到來自太陽附近星體的光，證明了愛因斯坦的説法正確。此後，所有人都更認真看待愛因斯坦。

超級大腦

　　愛因斯坦革命性的理論令他成為了科學界的名人。他在1932年出任美國普林斯頓大學的教授，並在1940成為美國公民。在1955年愛因斯坦去世後，他的大腦被取出研究，以找出他天才背後的秘密。儘管愛因斯坦擁有令人難以置信的能力，構想出關於宇宙的革命性新理論，他的腦袋似乎與其他人的腦袋非常相似！

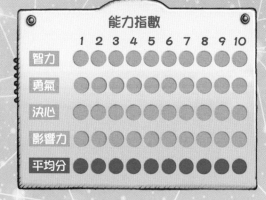

能力指數

	1	2	3	4	5	6	7	8	9	10
智力										
勇氣										
決心										
影響力										
平均分										

兄妹檔天文學家
卡蘿琳與威廉 ....

卡蘿琳・赫歇爾（Caroline Herschel，1750年－1848年）與威廉・赫歇爾（William Herschel，1738年－1822年）是著名的兄妹檔科學家，他們發現了彗星，還有一個全新的行星。

上學是男孩子的事

威廉在1738年出生於德國漢諾威，而妹妹卡蘿琳則在12年後出生。可惜的是，他們的母親只熱心於讓她的兒子們接受教育，因此卡蘿琳只能留在家中，學習如何做家務。雖然卡蘿林的父親引領她進入了天文學的世界，但她仍然要在家中幫忙。與此同時，威廉成為了一位音樂家，搬到英格蘭的巴斯（Bath）。

巴斯的天文學家

在工餘時間，威廉是一個充滿熱情的天文學家。得知妹妹對太空的興趣後，他便邀請妹妹搬來巴斯和他一起生活，協助他的天文學研究⋯⋯還有做家務。他們愉快地一起工作，觀察並記錄各種雙星（視線上非常接近的一對恆星），並計算出各顆恆星和行星與地球之間的距離。他們又製作了自己的望遠鏡，而卡蘿琳其中一個任務，就是準備望遠鏡鏡子的模具。不過對卡蘿琳來說，

不幸的是製作模具的材料包括了乾馬糞，她需要將這些馬糞打碎，再用細密的篩子篩過。

天王星與彗星

1781年，威廉有一個重大發現：他發現了天王星。當時已為人所知的其他行星——水星、金星、火星、木星和土星——全都可以用肉眼看見，不過要看見天王星，便需要使用望遠鏡。英國國王佐治三世（George III）對威廉的發現非常滿意，給了威廉一整年的薪金作獎勵，好讓他能夠當上全職的天文學家。5年後，卡蘿琳首次發現了一顆彗星，佐治三世也給了卡蘿琳一整年的薪金，讓她成為威廉的全職助手。不過卡蘿琳的薪金只及威廉的四分之一！

赫歇爾在太空

威廉去世後，卡蘿琳便返回德國。她將自己與威廉的每一項發現一一記錄分類，並將這些資料送到英格蘭。她成為了英國皇家天文學會的榮譽會員。在她的96歲生日，她獲得普魯士（Prussia）國王頒授科學金牌，以表揚她一生的成就。2009年，歐洲太空總署發射的赫歇爾太空望遠鏡，便是以卡蘿琳與威廉的姓氏來命名的。

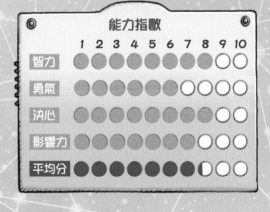

能力指數

	1	2	3	4	5	6	7	8	9	10
智力	●	●	●	●	●	●	●	●	○	○
勇氣	●	●	●	●	●	●	○	○	○	○
決心	●	●	●	●	●	●	●	○	○	○
影響力	●	●	●	●	●	●	○	○	○	○
平均分	●	●	●	●	●	●	●	○	○	○

太陽系小測試

．．．．．．．．．．．．．．．．．．．．．

　　太陽系中有8個行星、眾多衞星（圍繞着某些行星軌道運行的天然衞星）、一個小行星帶、一些矮行星、小行星和彗星，還有太空船和人造衞星等。你對太陽系有多少認識呢？

1. 以下的行星中，哪一個在2006年前屬於行星，但之後被降格為矮行星？

　A. 冥王星

　B. 哈帝斯星

　C. 刻耳柏洛斯星

2. 靜海位於哪一個星體上？

　A. 地球

　B. 火星

　C. 月球

3. 哪一個行星有「紅色行星」之稱？

　A. 地球

　B. 金星

　C. 火星

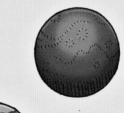

4. 「土衞六」是哪一個行星的衞星？

　A. 海王星

　B. 土星

　C. 木星

5. 哪一個行星是在1846年由德國天文學家
   約翰‧伽勒發現的？

   A. 天王星

   B. 海王星

   C. 水星

6. 以下哪一個行星是一個「氣態巨行星」？

   A. 水星

   B. 火星

   C. 天王星

7. 木星有多少個衞星？

   A. 7個

   B. 超過20個

   C. 超過60個

8. 「火衞一」和「火衞
   二」是哪一個行星的衞
   星？

   A. 火星

   B. 木星

   C. 天王星

美國第一位女天文學家
米切爾

....

　　瑪麗亞・米切爾（Maria Mitchell，1818年－1889年）發現了一顆彗星，她也是美國第一個擔任專業天文學家的女性。

學校與圖書館

　　米切爾在1818年於美國麻省一個名叫南塔克特的小島出生。她的父親是一名校長，深信女孩子應該與男孩子一樣接受教育，但這種想法在當時來説是非常具爭議性的。米切爾曾擔任教師，但一年後她應聘擔任圖書館管理員，工作給予她更優厚的薪水，還令她有更多空閒的時間來閱讀圖書館裏的藏書。

觀看繁星

　　米切爾的父親其後離開了教育行業，在南塔克特一間銀行工作，還出人意料地在銀行的屋頂上興建了一個天文台！1847年，米切爾運用這個天文台發現了一顆新的彗星。她獲得丹麥國王腓德烈六世（Frederick VI of Denmark）頒授一面金牌以作獎勵，更因為她成為了繼卡蘿琳・赫

歇爾（見第32頁）以來，第一位發現彗星的女性而聲名大噪。

米切爾教授

　　1848年，米切爾成為波士頓美國人文與科學院的首名女性成員。1850年，她又成為美國科學促進會的首名女性成員。1865年，她出任了紐約州波啟浦夕市瓦薩學院的首名天文學教授，以及學院天文台的總監。米切爾的教學方式有點兒古怪：她拒絕給學生評分，也不會強迫學生上課，因為她認為如果自己是個好老師，學生便會想來上課。米切爾極受學生歡迎，她的學生都會乖乖來上課。米切爾曾與學生合作記錄太陽黑子的變化，又曾在1878年遠行3,200公里，親眼觀看日食。

女性科學家

　　米切爾於1873年協助創立了美國婦女協進會，並擔任會長直至1876年。米切爾去世後，瑪麗亞·米切爾協會在南塔克特成立了，致力於推進科學教育，以及鼓勵女性參與科學事業。月球上的一個隕石坑「米切爾月坑」以米切爾命名，她發現的彗星也是以她命名！

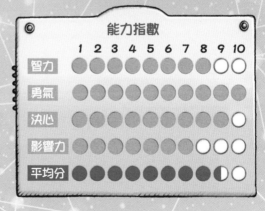

能力指數

	1	2	3	4	5	6	7	8	9	10
智力	●	●	●	●	●	●	●	●	○	○
勇氣	●	●	●	●	●	●	●	●	●	○
決心	●	●	●	●	●	●	●	●	●	○
影響力	●	●	●	●	●	●	●	○	○	○
平均分	●	●	●	●	●	●	●	●	◐	○

發現土星環的
惠更斯 ....

克里斯蒂安・惠更斯（Christiaan Huygens，1629年－1695年）是一個多才多藝的天才，他發現了土星環，還有一個位於火星的火山。

四處遊歷

惠更斯在1629年於荷蘭海牙出生。當時著名天文學家伽利略正在意大利談論日心說而觸怒教會。在大學修讀完法律和數學後，惠更斯有足夠金錢去遊歷歐洲部分地方。

土星與火星

伽利略利用望遠鏡，觀察到土星的形狀很古怪。1659年，惠更斯發現，土星形狀古怪是由於土星擁有土星環，那是一些細小的冰質粒子圍繞着土星運行。惠更斯又發現了土星最大的衛星土衛六。他是第一個人記錄行星表面的永久特徵——一個位於火星的深色斑點，它其後被證實是一個巨大的火山。惠更斯利用一個他自己開發的改良版望遠鏡，作出這些驚人的觀察。他還找出一種打磨望遠鏡鏡片的方法，讓他能看得更清楚。

引力與光

1689年，惠更斯到訪倫敦，與艾薩克・牛頓見面。惠更斯有自己的一套引力理論，與牛頓的理論有點不同，他曾在一次演講中講解這套理論。不過他或許沒有和牛頓直接爭辯兩套理論的差異，那

可能是好事，因為牛頓的脾氣非常駭人。惠更斯也有自己的光學理論，但當時被牛頓的光學理論所蓋過。不過許久之後，人們證實惠更斯才是正確的一方。

太空旅行

　　雖然要在數百年後人類才能夠前往太空，不過並沒有阻止惠更斯對太空的聯想。他幻想過乘坐船艦前往太空，找尋其他行星，並在行星上找到一些像我們的人。惠更斯在1695年離世，而在310年後，一艘以他命名的太空船，成為第一艘登陸土衞六（由惠更斯發現的土星衞星）的太空船。

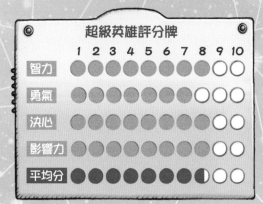

超級英雄評分牌

	1	2	3	4	5	6	7	8	9	10
智力	●	●	●	●	●	●	●	●	○	○
勇氣	●	●	●	●	●	●	●	○	○	○
決心	●	●	●	●	●	●	●	●	○	○
影響力	●	●	●	●	●	●	●	●	○	○
平均分	●	●	●	●	●	●	●	◐	○	○

第一個踏足月球的太空人
岩士唐 ....

尼爾‧岩士唐（Neil Armstrong，1930年－2012年）勇於成為第一個踏足月球的人類，他是科學界的超級英雄。

太空競賽

當岩士唐在成長時，科學家正忙於研究人類如何能夠真正前往太空。1947年，第一種動物被送上太空：一些果蠅，科學家還預備了食物，讓牠們在飛行途中可以享用！1949年，一隻名叫阿爾伯特二世的猴子成為了下一種前往太空的動物。1961年，蘇聯太空人尤里‧加加林（Yuri Gagarin）成為了第一個到太空的人類。在他完成環繞地球飛行的旅程後，當時全球最強大的國家——蘇聯和美國，便展開了太空競賽，爭取首先登陸月球。

太空人岩士唐

岩士唐在年僅16歲時便取得了機師執照！當韓戰爆發時，他暫時放下了航空工程學的學業，為美國駕駛戰機。其後，岩士唐為美國的太空機構——美國太空總署（NASA）擔任測試機師，負責駕駛超音速飛機、直升機和火箭。1962年，他獲選成為美國太空人計劃的成員，而他的登月旅程也開始了。

月球上的人

1969年7月16日，3名美國人登上了阿波羅11號太空船前往月球：包括負責指揮的岩士唐，還有巴茲‧艾德靈（Buzz Aldrin）和米

高·柯林斯（Michael Collins）。
7月21日，岩士唐成功令鷹號登
月艙降落在月球上，並踏足了
月球表面。艾德靈沒多久也跟
上了（柯林斯留在哥倫比亞號指
揮艙）。這兩位太空人收集了月
球上的岩石與塵埃，並設立了一面鏡
子，讓地球上的天文學家可以用於觀
察太空更遙遠的地方。之後他們再次
與柯林斯會合，成功返回地球。

重大的一步

　　岩士唐踏上月球時說的話——「個人一小步，人類一大
步」——這句話很易記，並成為了人類史上最有名的言論之一。人
類重大的下一步將是踏足火星表面——也許在不久將來會便成真。
岩士唐之後繼續為NASA工
作，並擔任工程學教授。他
在2012年去世。

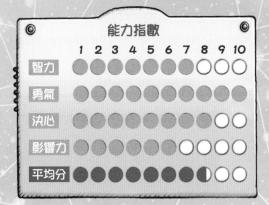

找出黃昏真相的
海什木 ....

海什木（Alhazen，965年－1040年）是一名偉大的伊斯蘭科學家，專門研究光、日食和月食，並找出了黃昏的真相。

黃金時代

在公元400年代末，羅馬帝國沒落後，歐洲人沒進行太多科學研究。不過在中東，事情卻完全不一樣——伊斯蘭學者正忙着翻譯希臘的書籍，努力研究。海什木在公元965年出生，剛好遇上了伊斯蘭學術的黃金時代。

黃昏的光線

海什木出生於巴斯拉（現今伊拉克境內），並在當地和阿拔斯王朝的首都巴格達接受教育。海什木在許多事情上都展示出他的絕頂才智，並撰寫了超過100本關於光學（有關眼睛、視力和光的學科）、數學、幾何學、物理學和天文學的書籍！他發現黃昏時太陽下降至地平線以下消失後，我們仍能看見太陽的光，是因為光線穿過大氣層的時候會彎曲。他又研究了日食和月食，並利用暗箱來觀察，以免強光傷害他的眼睛。海什木是第一個製作暗箱的人。他的暗箱設計是一間黑暗的房間，其中一面牆壁上有一個小孔——光線會穿過小孔，將影像上下顛倒地投射在對面的牆壁上。

小心哈里發

埃及的城市開羅是由一個伊斯蘭帝國興建的，而海什木被埃及的領袖——哈里發哈基姆（Caliph Al-Hakim）傳召到當地。海什木被指派負責調整尼羅河水流的任務，不過他很快便發現這是個不可能完成的任務。任務失敗會令哈里發震怒，海什木擔心性命難保，於是假裝發瘋，好讓他不用工作，然後悄悄在家中繼續研究，直至1021年哈里發去世為止。

海什木的成就

海什木於1040年逝世。除了是一個出色的天文學家外，海什木也是第一個找出我們的眼睛是如何運作的人。他的科學研究方法與現今科學家的研究方式很相似：透過觀察、根據經驗作出推測，還有進行實驗。

能力指數									
	1	2	3	4	5	6	7	8	9	10

智力　● ● ● ● ● ● ● ● ○ ○
勇氣　● ● ● ● ○ ○ ○ ○ ○ ○
決心　● ● ● ● ● ● ○ ○ ○ ○
影響力　● ● ● ● ● ○ ○ ○ ○ ○
平均分　● ● ● ● ● ● ○ ○ ○ ○

太陽

感謝太陽！沒有它，地球便會變得漆黑一片，非常寒冷，而生命也肯定無法存在。

- 太陽是最接近我們的恆星——它只離我們大約1.5億公里遠。光線大約要花8分鐘才能由太陽抵達地球。

- 太陽是一團熊熊燃燒中的氣體，主要為氫氣，而它的體積比地球大超過100萬倍。

- 與其他恆星相比，太陽屬於中等大小。

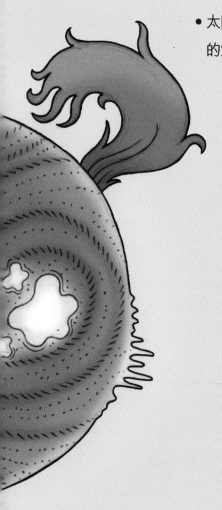

• 太陽內部的核反應每分鐘可以將240噸的氫氣轉化成熱與光！

• 太陽的表面溫度大約為攝氏5,500度，不過並不是每一處的溫度都相同，出現太陽黑子的地方溫度會比較低。太陽核心的溫度大約是攝氏1,500萬度。

• 最終在大約50億年後，太陽將會耗盡燃料，膨脹變成一個紅色巨星，並將地球吞噬！

• 你不應該直接望向太陽，因為這樣會令你的眼睛嚴重受損。這大概是意大利天文學家伽利略去世時已經失去視力的原因（見第28頁）。

揭開行星移動秘密的
開普勒

約翰尼斯‧開普勒（Johannes Kepler，1571年－1630年）是一位占星家和天文學家，他找出了行星如何移動的秘密。

頂級占星家

開普勒在1571年出生於德國，當時德國屬於神聖羅馬帝國的一部分。我們知道開普勒出生的確切時間和地點，那是因為開普勒相信出生的時間和地點，還有當時各個星體的位置，都會影響人生的際遇。事實上，他在奧地利格拉茨大學擔任教授的工作，還包括占卜星相、預測未來——他曾準確預測寒冬降臨，還有土耳其人入侵，讓他獲得優厚的收入！

帝國的數學家

開普勒同樣是一位天文學家。當他仍是一個學生時,他接觸到波蘭天文學家哥白尼的日心說(見第16頁)。1600年,開普勒與丹麥天文學家第谷·布拉赫一起工作(見第18頁)。布拉赫於1601年去世後,開普勒接替了他的工作,成為了帝國數學家。他利用布拉赫的逾千項觀察紀錄,得出一些驚人的發現……

被壓扁了的軌道

8年後,開普勒出版了一本著作,談論他發現了行星移動的方式。哥白尼的宇宙論仍有許多不合理的地方,而開普勒發現這是因為行星並不是以圓形軌道環繞太陽運行的——相反,它們是以橢圓形(壓扁的圓形)軌道運行。他的研究相當出人意料——突然間哥白尼的概念看來必定是正確的!開普勒其後發表了一些行星表,用以計算過去或未來任何時間裏行星的位置。

開普勒的遺產

1630年開普勒去世之際,他成功令人相信太陽位於太陽系的中心。後世還把月球與火星上的隕石坑,以及飛船和天文望遠鏡,以開普勒來命名。

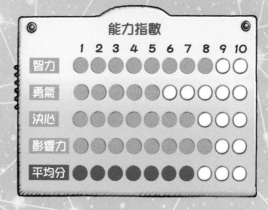

47

撰寫天文學巨著的
托勒密 ....

　　曾經有超過一千年時間，幾乎所有人對宇宙的看法都是基於克勞狄烏斯·托勒密（Claudius Ptolemy，約90年－168年）的理論，即地球就是宇宙的中心，也就是地心說。

時間的迷霧

　　托勒密約在公元90年出生於埃及，人們對於他的生平所知不多。不過，托勒密的名字給了我們一些關於他身分的線索：克勞狄烏斯是一個羅馬人的名字，而托勒密則是一個希臘裔埃及人的名字，因此托勒密很可能來自一個祖籍希臘的家族，後來在埃及生活。他也可能是一個羅馬帝國公民——托勒密在世時，埃及是羅馬帝國的一部分，而托勒密的祖先可能獲得羅馬帝國公民權，以作獎賞。公元127至141年，托勒密在全球最大的城市和學術中心亞歷山大港（位於埃及）研究星體。

不動的地球

　　托勒密一生撰寫過許多不同題材的書籍——音樂、地理（包括製作世界地圖）、光學，還有占星學（當時這是一門科學）。不過他最重要的著作，以及他最先寫成的著作，就是《天文學大成》（*Almagest*）。書中論及太陽、月球和各個行星的運動。然而，他在這個題材上弄錯了一些事實，但當時他沒有望遠鏡輔助他的研究。他認為宇宙的中心是一個固定不動的地球，太陽、月球和行星每天圍繞着地球旋轉。

教科書中的錯誤

　　第谷·布拉赫（見第18頁）是率先指摘托勒密故意令書中觀測資料出錯的其中一人。牛頓（見第8頁）也指摘托勒密揑造觀測數據，以符合他的理論，事實上托勒密的錯誤看來的確不像是出於偶然。不過，他大部分理論都是基於前人的研究，而且在好幾個世紀中，研究托勒密理論的科學家很少發現這些理論有任何不妥之處。

即使托勒密將地球（還有太陽和許多其他星體）放在錯誤的位置，但如果他知道自己的著作是史上使用時間最長的兩本教科書之一（另一本是歐基里德的幾何學專著），相信他會很高興。

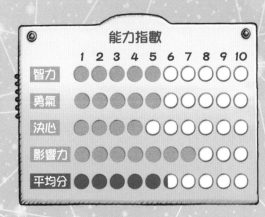

能力指數

	1	2	3	4	5	6	7	8	9	10
智力	●	●	●	●	●	●	○	○	○	○
勇氣	●	●	●	●	●	○	○	○	○	○
決心	●	●	●	●	○	●	●	○	○	○
影響力	●	●	●	●	●	●	●	○	○	○
平均分	●	●	●	●	●	●	○	○	○	○

提出黑洞理論的
霍金 ....

　　史提芬‧霍金（Stephen Hawking，1942年－）是世上最顯赫有名與最才華洋溢的科學家之一，他也是一些暢銷科普書籍的作家。

黑洞

　　霍金在1942年出生於英國牛津。他在牛津大學修讀物理學，其後到劍橋大學學習太空科學。霍金與另一位著名的科學家羅傑‧潘洛斯（Roger Penrose）合作研究愛因斯坦的廣義相對論。黑洞是極小且密度極高的，它有強大的引力，甚至能將光也吸進去。直至1974年，科學家仍相信任何東西都會被黑洞吞噬殆盡，不留痕跡，但霍金證實了黑洞會輻射能量。這套理論認為空間與時間從黑洞開始，並將在黑洞終結。

壞消息

　　霍金21歲時確診患上一種運動神經元疾病。這種疾病令霍金漸漸失去活動能力，需要依靠輪椅與電腦發聲系統過活。最初他確診時，醫生估計他只能多活兩年，不過幸運的是他證實了醫生的判斷是錯的。

暢銷書籍

　　霍金撰寫了不少暢銷書籍，有些是為科學家而寫的，有些是給普通讀者閱讀的。他最廣為人知的著作是《時間簡史》（*A Brief*

History of Time），書中解釋了宇宙的起源，原子和星體如何產生及形成星系，還有宇宙未來可能變成怎樣等。霍金和他的女兒露西還創作了一套暢銷的兒童冒險故事書，講解了太空科學的相關知識，包括大爆炸與黑洞。

榮譽與頭銜

霍金的研究工作讓他獲得一些極為惹人注目的獎項與頭銜：他擁有12個榮譽學位，也成為了皇家學會（全球頂尖的科學研究所之一）的會員，還是美國國家科學院的成員，而由1979年至2009年間，他是劍橋大學盧卡斯數學教授，這是艾薩克·牛頓曾經出任的職位！霍金至今仍在劍橋大學研究科學，他的名銜又長又複雜，那就是應用數學和理論物理學系的丹尼斯艾弗瑞與徐惠寶研究中心主任！

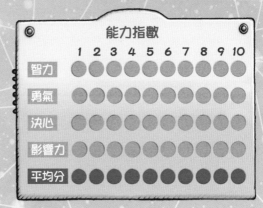

能力指數										
	1	2	3	4	5	6	7	8	9	10
智力										
勇氣										
決心										
影響力										
平均分										

計算彗星運行軌道的
哈雷 ....

　　愛德蒙・哈雷（Edmond Halley，1656年－1742年）是一位天文學家和數學家，他是第一個科學家計算出一顆著名彗星的運行軌道。

標記南方星宿

　　哈雷出生於1656年。他曾在牛津大學求學，並發表了一些關於太陽系和太陽黑子的論文。哈雷在1676年起程前往南大西洋，參與標記南方星宿的任務。他在兩年後返國，記錄並在星圖上標注了341顆星體，以及觀察了水星越過太陽前方的「水星凌日」現象。哈雷的星表於1678年出版，同年他更獲選為頂尖科學機構皇家學會的會員。許久之後，在1720年，哈雷成為了繼約翰・佛蘭斯蒂德之

後，史上第二位皇家天文學家。

彗星回歸

　　1705年，哈雷將他的腦筋轉向研究彗星。他描述了由1337年至1698年間被人發現並記錄下來的24顆彗星的軌道，並展示出其中3顆彗星——它們曾在1531年、1607年及1682年出現——性質相似，很可能是同一顆彗星。哈雷的推測正確，而他更預測這顆彗星會在1758年再次到訪，不過他無法活着見證這一幕。

潛水鐘與地球內部

　　哈雷除了研究彗星外，還發明了各種各樣的工具。他設計了一個潛水鐘，讓他可留在裏面，潛入泰晤士河中，並停留90分鐘。他又構想出一套有趣但完全錯誤的理論，他認為地球裏有兩層內殼，每一層都有自己的大氣層和居民！他之後再次回到大海，研究羅盤的讀數，又在1716年找出一個方法，利用「金星凌日」的現象來準確測量地球與太陽之間的距離。他甚至參與了測定巨石陣年份的工作（但他的推測有數千年誤差）。不過哈雷因哈雷彗星而被世人銘記，這顆以他命名的彗星按哈雷的預測，在他逝世的16年後再次出現。

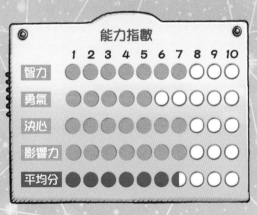

能力指數

	1	2	3	4	5	6	7	8	9	10
智力	●	●	●	●	●	●	●	○	○	○
勇氣	●	●	●	●	●	●	○	○	○	○
決心	●	●	●	●	●	●	●	○	○	○
影響力	●	●	●	●	●	●	●	○	○	○
平均分	●	●	●	●	●	●	◐	○	○	○

發現脈衝星的
貝爾 ....

　　在搜尋遙遠的星系時，約瑟琳・貝爾（Jocelyn Bell，1943年－）達成了20世紀最重大的天文學發現。

小綠人

　　1960年代，約瑟琳・貝爾在劍橋大學擔任研究生，尋找一些非常光亮的遙遠星系，稱為「類星體」。尋找類星體的最佳辦法，就是利用無線電望遠鏡，因此貝爾和她的團體便設立了一座巨大的無線電望遠鏡。它看起來不太像一般的望遠鏡！貝爾和同僚利用二千個無線電天線覆蓋一片土地，組成這座望遠鏡。在1967年的某一天，貝爾發現一些奇怪的事情：這座無線電望遠鏡接收到一些固定的脈衝信號。也許，那是一些從地球發出的信息，干擾了望遠鏡的信號？也許，那是外太空生命體向地球傳遞的信息？之後的一段時間，貝爾和團隊將這種脈衝信號稱為「LGM」（Little Green Man，即小綠人）。接着，他們又發現第二種信號，它來自不同的源頭，而且與第一種信號有點不一樣。那終究不可能是外星人的信號，因為兩種不同的外星人同時決定向地球傳送信號的可能性非常低。那一定是某種天文學現象，但到底是什麼呢？

發出脈衝的星體

　　終於，貝爾和她的團隊找出是什麼傳送那些脈衝信號的（它們就是「脈衝星」）。當一些恆星壽命步向終結時，它們會爆炸，成為超新星，但這些恆星的核心會存留下來，稱為「中子星」。中子星是宇宙中最細小且密度最高的星體。它們大約只有15公里寬，但蘊含的能量比太陽多一倍，而且會快速旋轉，發出一道無線電波。中子星就像一座發出亮光的燈塔，但它發出的不是光，而是無線電波，我們接收到這些無線電波時就變成了固定的脈衝。

奪獎的脈衝星

　　此前沒有任何人發現過這些中子星或脈衝星，貝爾發現了這一種全新的天文物體。憑藉脈衝星的發現，貝爾的主管和其他科學家獲得了諾貝爾獎，但貝爾卻被徹底忽略了，這似乎有點不公平。貝爾其後獲得多個榮譽學位、一些獎項和獎牌，目前她是牛津大學天文物理系的客座教授。

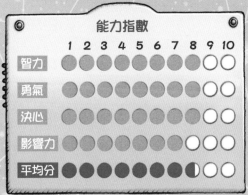

延伸知識

太空創舉 ·········

第一個人造衛星

地球數十億年以來都擁有一個天然的衛星——月球。不過第一個人造衛星則是史普尼克1號。這個如沙灘球大小的衛星於1951年由蘇聯（由俄羅斯及其他東歐國家組成，現已解體）發射上軌道。

第一個到達太空的人類

蘇聯太空人尤里·加加林於1961年升空，進入軌道環繞地球飛行，成為第一位進入太空的人類。想想在當時的一年前，才第一次有果蠅以外的動物從太空活着返回地球，加加林實在極為勇敢。在不足一個月後，美國太空人亞倫·謝潑德（Alan Shepard）成為了第二個到達太空的人。1963年，同樣來自蘇聯的瓦蓮京娜·捷列什科娃（Valentina Tereshkova）成為了第一個到訪太空的女性。

第一次太空漫步

1965年，另一位蘇聯太空人阿列克謝·列昂諾夫（Alexei Leonov）打開了氣密艙，踏出太空船外，以栓繩連接，在太空中停留了12分鐘。在返回太空船時，列昂諾夫發現自己的太空衣膨脹了。他驚險萬分地花了數秒釋出太空衣裏的空氣，終於成功擠進太空船！

第一個踏足月球的人類

蘇聯在太空競賽中名列前茅，創造了第一個飛進太空的人造衛星、第一隻在太空軌道飛行的動物，還有第一個到達太空的人類等紀錄，因此美國下定決心要率先讓人類踏足月球。美國太空人尼爾·岩士唐於1969年在月球踏出了他的「一小步」，也同時邁出了「人類的一大步」。

第一個太空站

第一個太空站於1971年發射升空，一行3人的團隊在這個太空站裏生活並工作了23天，才準備返回地球。不幸地，由於機件故障，團隊在返回地球的旅途中遇難身亡了。

第一個太空遊客

你有興趣到外太空旅行嗎？2001年，美國富商丹尼斯·蒂托（Dennis Tito）成為了第一個付款前往太空的旅客，他花了2,000萬美元，在國際太空站度過了8天。

大事紀

公元前384年
古希臘科學家兼哲學家亞里士多德出生。

約公元90年
克勞狄烏斯·托勒密出生。他構想出
一套關於宇宙的觀點，為世人採納，
直至1500年代。

公元120年
張衡出版了一本著作，書中他將宇宙比
作一隻雞蛋。

約公元1000年
伊斯蘭學者海什木撰寫多本著作，題材包括天
文學。

公元1543年
尼古拉·哥白尼出版著作，提出地球環繞太陽運行。

公元1564年

伽利略出生。他其後因為支持哥白尼的宇宙論而被判囚。

公元1601年

第谷・布拉赫去世，約翰尼斯・開普勒接替布拉赫成為帝國數學家，並利用他的星體紀錄，找出行星如何移動。

公元1642年

艾薩克・牛頓出生。他其後以關於宇宙的發現震驚全球。

公元1659年

克里斯蒂安・惠更斯發現了土星環。

公元1758年

哈雷彗星一如愛德蒙・哈雷所預測，再次掠過地球。

公元1781年

威廉・赫歇爾發現了天王星。

公元1847年

瑪麗亞‧米切爾發現了一顆新的彗星。

公元1894年

喬治‧勒梅特出生。他構想出大爆炸理論。

公元1905年

阿爾伯特‧愛因斯坦發表了狹義相對論。他的廣義相對論於1916年發表。

公元1912年

亨利愛塔‧勒維特發現了周光關係。

公元1924年
愛德文·哈勃宣布發現了其他星系。

公元1967年
約瑟琳·貝爾發現了脈衝星。

公元1969年
尼爾·岩士唐成為了第一個踏足月球的人。

公元1974年
史提芬·霍金證實了黑洞會輻射能源。

詞彙表

宇宙：
存在的一切事物，包括所有空間還有空間裏的所有物體。
（p. 8, 10-17, 19, 21-24, 26-28, 30-31, 47-48, 50-51, 55）

銀河系：
數以千億計的星體所組成的系統。 （p. 14, 22, 25）

小行星：
一種岩質的太空物體，比行星細小。 （p. 24, 27, 34）

行星：
一種圓形的物體，環繞太陽運行。我們的太陽系有8個行星。
（p. 8, 11, 14, 16-17, 32-35, 38-39, 46-48）

類星體：
一種太空物體，它們非常光亮，卻距離我們非常遙遠。 （p. 54）

彗星：
一團由冰塊與塵埃組成的物體，會圍繞太陽運行。
（p. 32-34, 36-37, 52, 53）

矮行星：
一種圍繞太陽運轉的圓形物體，但體積太小不足以被稱為行星。
（p. 34）

超新星：
爆炸的恆星。 （p. 14, 55）

月球：
一個天然的衛星，圍繞一個行星運行。

軌道：
指太空物體互相環繞運行的軌道，或指某種太空物體環繞另一物體
運行。

引力：
地球對所有物件的拉力（還有其他在太空的物體之間的拉力）。引
力令物件掉落在地上。

輻射：
能源傳播的方式（例如：恆星輻射熱能）。

宇宙微波背景輻射：
一種來自宇宙四方八面的微波，於宇宙大爆炸時產
生。

暗物質：
一種太空物質，我們無法偵察到暗物質，但
科學家推算出有暗物質的存在。

太陽黑子：
太陽表面上一些較周圍低溫與黑暗的地方。

原子：
微小的物質單位，是組成一切事物的基礎部分。

細菌：
由一個細胞組成的生物。（p.14）

日食：
當月亮經過太陽與地球之間時阻擋陽光的現象。（p.18, 37, 42）

演化：
在一段長時間裏的變化。（p. 14）

太空人：
前往太空的人類。（p.40, 41, 56, 57）

天文學：
一門研究太空的學科。
（p.13, 16-23, 26, 28, 32-33, 35-38, 41-43, 45-48, 52, 54）

占星學：
一種信仰，認為星體的運動會影響自然與人類的活動。（p. 48）

動物學：
一門研究動物與動物生活的學科。（p.10）

瘟疫：
一種傳播速度非常快的致命疾病。（p. 8）

煉金術：
一門研究如何將金屬轉化為黃金的學科，然而這是不可能做到的事情，許多煉金術士像魔術師多於科學家。煉金術鼓勵了人們以科學方法研究，並開創了化學研究。（p.8-9）